DIE GLEICHSTROM-DAMPFMASCHINE

VON

Dr.-Ing. ehr. J. STUMPF

GEH. REGIERUNGSRAT

PROFESSOR AN DER TECHNISCHEN HOCHSCHULE ZU BERLIN

DRITTE AUFLAGE

MÜNCHEN 1922

DRUCK VON R. OLDENBOURG

www.ingramcontent.com/pod-product-compliance
Lightning Source LLC
Chambersburg PA
CBHW081613190326
41458CB00019BA/6097